BEI GRIN MACHT SICH IHR WISSEN BEZAHLT

AF149051

- Wir veröffentlichen Ihre Hausarbeit,
  Bachelor- und Masterarbeit

- Ihr eigenes eBook und Buch -
  weltweit in allen wichtigen Shops

- Verdienen Sie an jedem Verkauf

Jetzt bei www.GRIN.com hochladen und kostenlos publizieren

Tarek Saffaf

Sample Kovarianz-/Korrelationsmatrizen und ihre robusten Schätzer

GRIN Verlag

Bibliografische Information der Deutschen Nationalbibliothek:

Die Deutsche Bibliothek verzeichnet diese Publikation in der Deutschen National-
bibliografie; detaillierte bibliografische Daten sind im Internet über http://dnb.d-
nb.de/ abrufbar.

Impressum:

Copyright © 2004 GRIN Verlag GmbH
Druck und Bindung: Books on Demand GmbH, Norderstedt Germany
ISBN: 978-3-656-52545-5

Dieses Buch bei GRIN:

http://www.grin.com/de/e-book/45654/sample-kovarianz-korrelationsmatrizen-und-
ihre-robusten-schaetzer

GRIN - Your knowledge has value

Der GRIN Verlag publiziert seit 1998 wissenschaftliche Arbeiten von Studenten, Hochschullehrern und anderen Akademikern als eBook und gedrucktes Buch. Die Verlagswebsite www.grin.com ist die ideale Plattform zur Veröffentlichung von Hausarbeiten, Abschlussarbeiten, wissenschaftlichen Aufsätzen, Dissertationen und Fachbüchern.

Besuchen Sie uns im Internet:

http://www.grin.com/

http://www.facebook.com/grincom

http://www.twitter.com/grin_com

TECHNISCHE UNIVERSITÄT MÜNCHEN
ZENTRUM MATHEMATIK

Sample Kovarianz-/Korrelationsmatrizen und ihre robusten Schätzer

Hauptseminar „Ausgewählte Kapitel aus der Portfoliooptimierung"
Sommersemester 2004

Inhaltsverzeichnis

Abbildungsverzeichnis

Tabellenverzeichnis

A Einleitung

Seit der bahnbrechenden Arbeit von Markowitz, ist die Portfolio Theorie aus dem Asset Management nicht mehr wegzudenken. Wichtige Bestandteile seiner Theorie sind die erwartete Aktienrendite und das Risiko, das durch die Kovarianzmatrix ausgedrückt wird. Das Schätzen der Kovarianzmatrix kann zu größeren Problemen führen. Wenige Ausreißer reichen aus, um die Schätzer zu verzerren und somit unbrauchbar zu machen.

Kapitel 1 zeigt welche Auswirkungen einzelne Ausreißer haben und wie diese durch die „bloße" Anwendung von robusten anstatt klassischen Schätzverfahren vermieden werden können. Doch auch diese haben Nachteile; darum wurden andere Verfahren entwickelt, wie z.b. die sog. „paarweisen" Schätzmethoden, bei der anstatt der gesamten Matrix die einzelnen Einträge der Matrix geschätzt werden.

Eine weitere Schätzmethode ist das Shrinkage-Verfahren, das in Kapitel 2 , ausgehend von einem quadratischen Optimierungsproblem, gezeigt wird. Des Weiteren wird eine praktische Anleitung der Alpharegel vorgestellt, bei der ein aktiver Portfoliomanger, der von einer Benchmark abweichen will, sog. Alphaprognosen erhält, die den Input seiner Arbeit darstellen.

Kapitel 3 beschäftigt sich mit empirischen Korrelationsmatrizen und der Annahme, dass diese zufällig verteilt sind. Die Ergebnisse führten dazu, dass die Portfoliotheorie von Markowitz zunächst in Frage gestellt wurde, durch die Erkenntnisse in Kapitel 4 aber wieder verworfen werden konnte.

B Portfolio Optimierung

1. *Robuste Kovarianz/Korrelations-Schätzer*

Kovarianz- und Korrelations-Schätzer haben große Einsatzgebiete in der Finanzwelt. Doch in der Anwesenheit einzelner Ausreißer reagieren diese Schätzer, beispielsweise abgeleitet von der Maximum-Likelihood oder Momenten-Methode, sehr sensibel. Deshalb wurden robuste Methoden erfunden, die weniger sensibel auf Ausreißer reagieren.

1.1 Klassische vs robuste Korrelationen

Mit Hilfe der folgenden Abbildungen 1-3 soll veranschaulicht werden, wie stark Ausreißer klassische Korrelations-Schätzer verzerren können und wie diese Verzerrung durch robuste Verfahren reduziert werden kann.

In Abbildung 1 sind die fünf Datensätze in einem 5-D Scatterplot wiedergegeben (V1:= US Aggregate Credit, V2:= MSCI Eur, V3:= MSCI Wor ex Eur, V4:= MSCI Jap, V5:= MSCI Em). In diesem Scatterplot bzw. in dem vorhandenen Datensatz existieren Ausreißer (liegen außerhalb der Punktwolken).

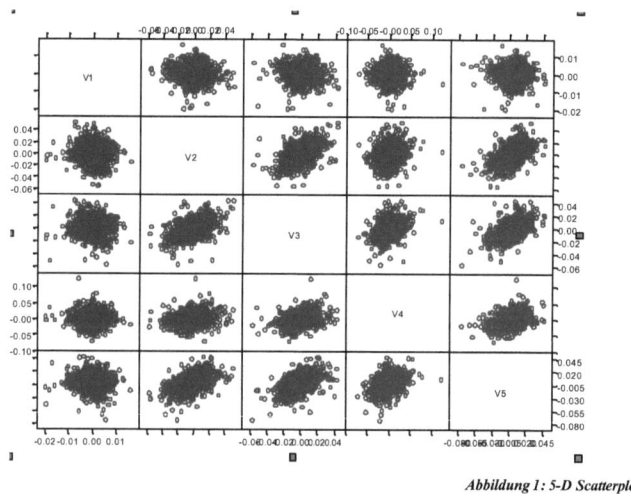

Abbildung 1: 5-D Scatterplot

Abbildung 2 zeigt die Berechnungen der Korrelationskoeffizienten sowohl mit der klassischen als auch mit einer robusten Methode (MCD-Methode). Im linken unteren Dreieck sind die verschiedenen Werte aufgeführt; in der rechten oberen Hälfte werden die Werte graphisch in Form von kreis- und ellipsenförmigen Umrissen aufgezeigt. Diese repräsentieren eine bivariate Gauß-Dichte mit Erwartungswert 0 und Varianz 1.

4

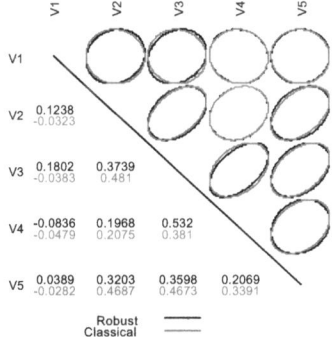

	V1	V2	V3	V4	V5
V1					
V2	0.1238 -0.0323				
V3	0.1802 -0.0383	0.3739 0.481			
V4	-0.0836 -0.0479	0.1968 0.2075	0.532 0.381		
V5	0.0389 -0.0282	0.3203 0.4687	0.3598 0.4673	0.2069 0.3391	

Robust ⎯⎯
Classical ⎯⎯

Abbildung 2: klassische und robuste Korrelationen

Eine nahezu kreisförmige Ellipse visualisiert einen Korrelationskoeffizienten nahe bei 0. Ist die Ellipse in Richtung +45 (-45) Grad- Achse gestreckt, so ist der Korrelationskoeffizient positiv (negativ). Man erkennt, dass die Berechnungen der Korrelationskoeffizienten mit der robusten Methode, die auf Ausreißer nicht sehr sensibel reagieren, signifikante Unterschiede zu denen mit dem klassischen Ansatz haben. Beispielsweise liegt in V1/V3 (Lehmann US Aggregate Credit/MSCI World ex Europe) der Korrelationskoeffizient bei der klassischen Methode im negativen Bereich und wird durch die robuste Methode ins Positive umgewandelt.

1.2 Mahalanobis-Distanz

Multivariate Normalverteilung

Dichte: $\quad f_X(x) = (2\pi)^{-p/2}|C|^{-1/2}\exp\left(-\frac{1}{2}(x-\mu)'C^{-1}(x-\mu)\right)$

mit Kovarianzmatrix C, Datenvektor $x = (x_1,...,x_p)'$ und Mittelwertvektor μ.

Man sieht, dass die Daten x nur in der quadratischen Form im Exponenten der Dichtefunktion vorkommen. Daraus ergibt sich, dass die Menge aller x, die denselben Wert der quadratischen Form ergeben, auch denselben Wert von f(x) und somit auch dieselbe Wahrscheinlichkeitsdichte haben.
Die Wurzel dieser quadratischen Form ergibt die sog. Mahalanobis-Distanz, die benutzt wird, um multidimensionale Ausreißer festzustellen.

Mahalanobis-Distanz $\qquad d(x_i) = \sqrt{(x_i - \hat{\mu})'\hat{C}^{-1}(x_i - \hat{\mu})}$

mit x_i als i-ter Datenvektor der Dimension p, $\hat{\mu}$ als Schätzer für den Mittelwert und $\hat{C}$ als Schätzer für die Kovarianzmatrix der Datenreihe.

Theorem von Tatsuoka:
Es sei eine p-variate Normalverteilung mit o.g. Dichtefunktion gegeben. Die quadratische Gleichung im Exponenten dieser Dichtefunktion ist chi-quadrat verteilt.

<u>Beweis:</u> siehe **[15]**   ?

Da von normalverteilten Daten ausgegangen wird, gilt nach dem Theorem von Tatsuoka, dass $d^2(x_i)$ chi-quadrat verteilt ist (mit p Freiheitsgraden).

Überschreitet die Distanz einen bestimmten Grenzwert, so wird dieser Datenpunkt als Ausreißer identifiziert, d.h. falls $d(x_i) > \sqrt{\aleph^2_{p,0.975}}$ gilt, so ist x_i ein Ausreißer. Dabei ist $\aleph^2_{p,0.975}$ das 0.975-Quantil der Chiquadratverteilung.

Für den vorgegeben Datensatz mit p=5 gilt:

$$d(x_i) > \sqrt{\aleph^2_{5,0.975}} = \sqrt{12,83} = 3,58$$

d.h. alle Werte x_i, die weiter als 3,58 vom Mittelwert entfernt sind, sind Ausreißer.

Betrachtet man nun Abbildung 3, so erkannt man, dass der klassische Ansatz (Bsp.: Max. Likelihood) weit weniger Ausreißer erkennt als der robuste Ansatz. Der Grund dafür ist, dass die Ausreißer das (klassische) $\hat{C}$ so sehr verzerrt haben, dass es keine zuverlässigen M-Distanzen produzieren konnte.

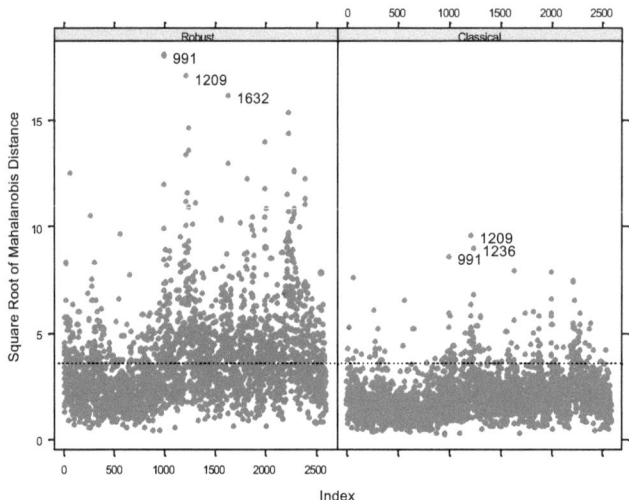

Abbildung 3: klassische und robuste M-Distanzen

6

1.3 Robuste Schätzer

Hier einige Beispiele für robuste Schätzer, die in verschiedene Klassen unterteilt werden:

1.3.1 M-Schätzer (Bsp.: Huber-Schätzer)

Def.: M-Schätzer $T_n = T_n(x_1,...,x_n)$ sind robuste Schätzer für einen Lokalisationsparameter μ der Grundgesamtheit. Sie ergeben sich durch Minimierung der Zielfunktion

$$\sum_{i=1}^{n} \rho(x_i - T_n)$$

wobei ρ eine geeignet gewählte differenzierbare Funktion ist und x_i $(i = 1,...,n)$ die Stichprobenwerte sind.

Setzt man $\psi(x - T_n) := \dfrac{\partial}{\partial T} \rho(x - T_n)$, so gilt $\sum_{i=1}^{n} \psi(x_i - T_n) = 0$. Und da M-Schätzer im Allgemeinen nicht skalenäquivariant sind, gilt mit einem Skalenparameter s

$$\sum_{i=1}^{n} \psi\left(\frac{x_i - T_n}{s}\right) = 0$$

Ein Beispiel für M-Schätzer ist die sog. Huber-Funktion, die wie folgt definiert ist:

Huber-Funktion

$\psi_c(x) = \min\{\max\{-c, x\}, c\}$, $c > 0$

In der Literatur wird auch häufig folgende Definition verwendet:

$$\psi_c(x) = \begin{cases} x & \textit{falls } |x| \le c \\ k \cdot sign(x) & \textit{falls } |x| > c \end{cases}$$

mit zugehöriger Funktion ρ (wie oben definiert)

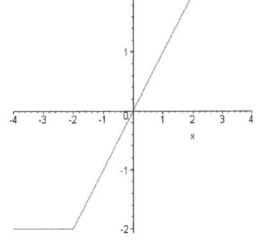

Abbildung 4: Huber-Funktion für c=2

$$\rho_c(x) = \begin{cases} x^2/2 & \textit{falls } |x| \le c \\ k \cdot |x| - c^2/2 & \textit{falls } |x| > c \end{cases}$$

Generell haben M-Schätzer folgende Eigenschaften:

        Eigenschaften: - positiv definit
                          - affin äquivariant[1]
                          - leicht berechenbar

        Nachteil: - niedriger Bruchpunkt (Breakdown point[2]); dieser liegt meistens bei 1/p (p Dimension des Datenvektors)

Man sieht, dass für große p der Bruchpunkt gegen 0 geht und somit der Schätzwert gegenüber Ausreißern empfindlicher wird. Daher wäre ein höherer Bruchpunkt (beispielsweise 0,5) wünschenswert; eine Eigenschaft, die S-Schätzer erfüllen.

1.3.2 S-Schätzer (Bsp.: Minimum Covariance Determinant (MCD))

MCD-Schätzer

MCD-Schätzer werden wie folgt konstruiert. Gegeben sei ein Datensatz mit n Beobachtungen und p Merkmalen.

Schritt 1: Suche Kovarianzmatrix S_0 aus Teilstichprobe mit $\left\lfloor \dfrac{n+p+1}{2} \right\rfloor$ Beobachtungen, die die kleinste Determinante besitzt. S_0 bildet dann den ersten Schätzer für die Kovarianzmatrix. Der Lageschätzer dieser Stichprobe sei dann $\bar{x}_0$.

Schritt 2: Bestimme M-Distanzen aus $\sqrt{(x_i - \bar{x}_0)' S_0^{-1} (x_i - \bar{x}_0)}$

Schritt 3: Entferne alle Daten, deren M-Distanz größer als $\sqrt{\aleph^2_{p,0.975}}$ sind, aus dem Datensatz

Schritt 4: Mittelwert und Kovarianzmatrix, bestimmt aus dem Datenrest, dienen als Schätzer

1.4 Das IOIV-Modell

Viele Statistiker benutzen Mix-Modelle, um die Performance von robusten Alternativmethoden zu untersuchen, die bei klassischen statistischen Anwendungen in Anwesenheit von Ausreißern zur Geltung kommen. Die meisten dieser Modelle gehen davon aus, dass die Mehrheit der Daten oder Beobachtungen (Kerndaten) normalverteilt sind und der Rest der Daten, der die Ausreißer produziert, beliebig anders verteilt ist.

Für einen Datenvektor y mit Dimension p (p-dim. Zeilenvektor) gilt dann beispielsweise:

$$y \sim F$$

mit
$$F = (1-\varepsilon) \cdot F_0 + \varepsilon \cdot H \quad , \quad 0 < \varepsilon < \frac{1}{2} \quad , \quad F_0 \sim N(\mu, \Sigma) \qquad \textbf{(1)}$$

In diesem Fall wäre dann der Anteil $(1-\varepsilon)$ von y im Durchschnitt wie F_0 verteilt und der Rest - der ausreißerproduzierende Teil - wie H. Man beachte, dass wegen $\varepsilon < \dfrac{1}{2}$ die Mehrheit der Daten normalverteilt ist.

Alternative Modellschreibweise:
$$y = (I - B)x + B\tilde{x} \quad , \qquad \textbf{(2)}$$
x repräsentiert die Kerndaten, $\tilde{x}$ den Vektor mit den Ausreißern, I ist die Einheitsmatrix, $B = Diag(B_1, B_2, ..., B_p)$ ist Diagonalmatrix mit B_i als Bernoulli-Variablen und den Wahrscheinlichkeiten $P(B_i = 1) = 1 - P(B_i = 0) = \varepsilon_i$

Somit sieht man, dass **(1)** ein Spezialfall von **(2)** ist, falls $x \sim F_0, \tilde{x} \sim H$ und $P(B_1 = B_2 = \dots = B_p) = 1$ gilt.

Diese Modelle bilden aber nicht die Realität ab, da die Ausreißer in jeder Variablen, unabhängig von der anderen, vorkommen können.
Wir gehen nun davon aus, dass die Ausreißer mit gleicher Wahrscheinlichkeit in jeder Variablen vorkommen können (sog. independent outliers in variables -Modell oder IOIV-Modell). B_i sind iid mit $\varepsilon_i = \varepsilon$. Angenommen die Datenpunkte oder Beobachtungen sind mit 5%-iger Wahrscheinlichkeit in jeder Spalte gestört.

So gilt für p=10: $P("gestörter\ Zeilen") = \sum_{k=1}^{10} \binom{10}{k} \cdot 0,05^k \cdot 0,95^{10-k} = 40,13\%$

Daraus folgt, dass die Wahrscheinlichkeit perfekte Zeilenvektoren zu erhalten mit zunehmender Anzahl äußerst gering wird (vgl. Tabelle 1):

p (# Spalten)	1	2	5	10	15	20	25	50	100
Wahrscheinlichkeit gestörter „Zeilen"	5%	10%	23%	40%	54%	64%	72%	92%	99%

Tabelle 1: Wahrscheinlichkeit gestörter Zeilen in Abhängigkeit der Spaltenanzahl

Somit ist gezeigt, dass das IOIV-Modell für robuste affin äquivariante Methoden bei großen Datensätzen nicht sehr zuverlässig ist, da der Effekt der Ausreißer verbreitet wird.
Abbildung 4 zeigt die unterschiedliche Performance zwischen dem affin äquivarianten Schätzer FMCD und dem nicht affin äquivarianten Schätzer QC, der auf einer paarweisen Schätzmethode basiert.
Anmerkung: Fast MCD ist eine Methode, bei der das Auffinden der Kovarianzmatrix aus einer Teilstichprobe mit kleinster Determinante beschleunigt wird (vgl. MCD-Schätzer).

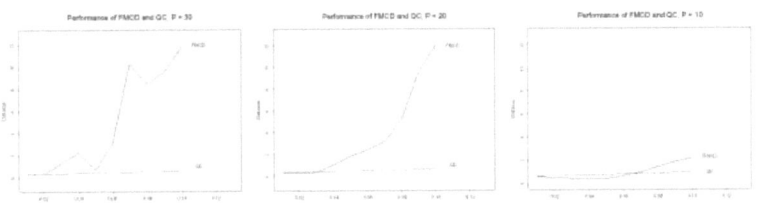

Abbildung 5: Vergleich von QC und FMCD Schätzer

Der QC Schätzer übertrifft ganz klar den FMCD für p=20,30. Ab $\varepsilon = 0,05$ bricht der FMCD förmlich aus und produziert Ausreißer.

1.5 Paarweise robuste Schätzer

Das Auffinden von MCD-Schätzern benötigt viel Rechenzeit: $O(2^p) \cdot O(n)$.
Paarweise Schätzer verzichten auf die Eigenschaften „positive Definitheit" und „affine Äquivarianz" und sind dadurch nicht so rechenaufwendig ($O(p^2) \cdot O(n)$)

Eigenschaften von paarweisen Schätzmethoden:

Vorteil	Nachteil
• Rechenaufwand: $O(p^2) \cdot O(n)$ • Hoher Breakdown Point • Kleiner Bias[3]	• Nicht positiv definit (nicht immer → Alternativen) • Nicht affin äquivariant

Def.:

Für den Pearson Korrelationskoeffizienten $\hat{r}_{jk}$ mit $y_{ij} = \psi\left(\dfrac{(x_{ij} - t_j)}{s_j} \right)$, s_j als robustes Streuungsmaß und t_j als M-Schätzer für Lokalisationsparameter (j=1,...,p) gilt:

$$\hat{r}_{jk} = \frac{\sum (y_{ij} - \overline{y}_j)(y_{ik} - \overline{y}_k)}{\sqrt{\sum (y_{ij} - \overline{y}_j)^2 \sum (y_{ik} - \overline{y}_k)^2}}$$

Ist ψ die Huber-Funktion, dann heißt $\hat{r}_{jk}$ Huberischer Korrelationskoeffizient, wenn ψ die sign-Funktion ist, dann heißt $\hat{r}_{jk}$ Quadranten-Korrelationskoeffizient (QC).
Man erkennt, dass bei der paarweisen Schätzmethode die Matrixeinträge einzeln geschätzt werden, wohingegen bei den vorherigen Methoden die gesamte Matrix geschätzt wurde.

1.6 Algorithmus zur Berechnung einer skalierten robusten Kovarianzmatrix

Gegeben sei ein Datensatz X mit n Beobachtungen und p Merkmalen

$$X = \begin{pmatrix} x_{11} & x_{12} & \cdots & x_{1p} \\ x_{21} & x_{22} & \cdots & x_{2p} \\ \vdots & \vdots & & \vdots \\ x_{n1} & x_{n2} & \cdots & x_{np} \end{pmatrix}$$

Schritt 1:   Berechne Median und skalierten Interquartilsabstand (IQR) von Spalte j

$$m_j = med_i(x_{ij})$$
$$s_j = 0{,}7413 \cdot IQR_i(x_{ij}) \qquad\qquad \text{i=1,...,n}$$
$$IQR = x_{0.75} - x_{0.25} \quad (obere\, Quartil - untere\, Quartil)$$

Anstatt dem Mittelwert und der Standardabweichung werden hier als Lage- und Streuungsparameter Median und der Interquartilsabstand berechnet, da diese robuster gegenüber Ausreißern sind.

Schritt 2:   Berechne robuste Kovarianzmatrix $\hat{C}_0$ ausgehend von einem QC Schätzer

Zuerst werden die Korrelationskoeffizienten r_{lk} wie folgt berechnet:

$$r_{lk} = \frac{\sum_{i=1}^{n} sign(z_{il})sign(z_{ik})}{n_{lk,o}} \quad \text{mit} \quad z_{ij} = x_{ij} - m_j$$

$n_{lk,o}$ bezeichnet die Anzahl der Zeilen i, für die z_{il} und z_{ik} ungleich 0 sind. (z_{il} und z_{ik} können durchaus 0 sein, da Datenpunkte mit dem Median übereinstimmen können)

Durch die Anwendung des Sinus auf die Korrelationskoeffizienten wird der systematische Fehler reduziert und man erhält neue Korrelationskoeffizienten ρ_{lk}

$$\rho_{lk} = \sin\left(\frac{\pi}{2} r_{lk}\right), \; l \neq k \quad \text{und} \quad \rho_{lk} = 1, \; l = k$$

Nach Definition erhält man aus dem Produkt von Korrelationskoeffizienten und Streuungsmaß die Kovarianzmatrix $\hat{C}_0$

$$\hat{C}_0 = \{c_{lk}\} \quad \text{mit} \quad c_{lk} = s_l s_k \rho_{lk}$$

$\hat{C}_0$ muss nicht unbedingt positiv definit sein

Schritt 3:   Positive Definitheit von $\hat{C}_0$ herstellen

Berechne zuerst die Spektralzerlegung von $\hat{C}_0$ (aufgrund der Symmetrie existiert die Zerlegung):
$$\hat{C}_0 = Q\Lambda Q'$$
mit Λ als Diagonalmatrix mit den Eigenwerten und Q als orth. pxp-Matrix mit den zugehörigen Eigenvektoren

Berechne neue Datenmatrix $\tilde{X}$ aus den Spaltenvektoren $\tilde{x}_i = Q \cdot x_i$.

Anschließend berechne Streuungsmaße -wie in Schritt 1- aus neuer Datenmatrix $\tilde{X}$
$$\tilde{s}_j = 0{,}7413 \cdot IQR_i(\tilde{x}_{ij})$$

Diese Schätzer $\tilde{s}_j$ sind in nicht besonders ausgearteten Situationen stets positiv und ihre quadratischen Werte dienen als robuste nicht-negative Schätzer für die Eigenwerte von $\hat{C}_0$.

Definiert man $\tilde{D} = \begin{pmatrix} \tilde{D}_{11} & & 0 \\ & \ddots & \\ 0 & & \tilde{D}_{pp} \end{pmatrix}$ als Diagonalmatrix mit den quadratischen Werten von $\tilde{s}_j$

als Diagonalelemente, sortiert vom größten zum kleinsten Wert; d.h. $\tilde{D}_{11}(\tilde{D}_{pp})$ beinhaltet den größten (kleinsten) Wert von $\tilde{s}_j^2$, so gilt für $\hat{C}$:

$$\hat{C} = Q\tilde{D}Q'$$

11

2. Shrinkage-Methode und Alpha-Regel

Da zur Portfolio-Optimierung niemals die normale (aus den Daten abgeleitete) Kovarianzmatrix benutzt werden sollte, wird im Folgenden eine Methode - Shrinkage Methode- vorgestellt, bei der die normale Kovarianzmatrix so umgeformt wird, dass die neue Matrix keine so starken Störungen mehr besitzt.
Diese Methode soll am Beispiel eines quadratischen Optimierungsproblems, dessen Nebenbedingungen durchaus realistisch sind, verdeutlicht werden.
Einige Definitionen, die für die Beschreibung des Optimierungsproblems nötig sind:

Σ Kovarianzmatrix (Erträge der Aktien)

x Vektor mit „aktiven[4]" Gewichten

ω_B Vektor mit Benchmark Gewichten

$\omega_p = \omega_B + x$ Vektor mit Portfolio Gewichten

g Gewinnziel des Portfoliomanagers im Vergleich zur Benchmark (Bsp.: 300 Basispunkte)

α Vektor der überschüssigen erwarteten Aktienrendite (Differenz zwischen erw. Aktienrendite und Benchmarkrendite)

$x'\Sigma x$ Tracking Error

Bestimmte Anforderungen, die an einen Portfoliomanager gestellt werden können:

- Das gesamte Portfolio muss voll investiert sein, d.h. $\omega_p{'}\vec{1} = 1$. Wegen $\omega_B{'}\vec{1} = 1$ gilt $x'1 = 0$

- Da keine Leerverkäufe möglich sind, sondern nur Long Geschäfte, gilt
$\omega_p \geq 0 \implies x \geq -w_B$

- Oft existiert der Fall, dass der Portfoliomanager nur einen bestimmten Betrag c (bestimmter Anteil in % vom Portfolio) in eine Aktie investieren darf, somit gilt:
$$x \leq c\vec{1} - \omega_B$$

- Gewinnziel: $x'\alpha \geq g$

Somit erhält man mit der Zielfunktion $x'\Sigma x$ folgendes Minimierungsproblem mit den o.g. Nebenbedingungen:

$$
\begin{aligned}
x'\Sigma x &\rightarrow \min \\
x'\alpha &\geq g \\
\text{(OP)} \qquad x'\vec{1} &= 0 \\
x &\geq -\omega_B \\
x &\leq c\vec{1} - \omega_B
\end{aligned}
$$

Der Portfoliomanager kennt die aktuellen Benchmark-Gewichte ω_B und wählt noch g und die obere Schranke c. Übrig bleiben dann nur noch α und Σ, die geschätzt werden müssen. Somit könnte dann x berechnet werden und man erhält die optimalen Gewichte für das aktive Portfolio.

2.1 Schätzung von Σ (Shrinkage-Methode)

Sei C die normale Kovarianzmatrix, abgeleitet von den Daten, und F ein verzerrter Schätzer mit wenigen Schätzfehlern.

	Vorteil	Nachteil
C	• leicht berechenbar • erwartungstreu	• viele Schätzfehler (besonders für $N \geq T$)
F	• wenige Schätzfehler	• verzerrt

Da beide schwerwiegende Nachteile aufweisen, die nicht vernachlässigt werden können, muss ein Kompromiss zwischen beiden gefunden werden.

→ lineare Konvexkombination (Shrinkage-Methode):

$$\Sigma = \delta F + (1 - \delta)C \qquad \text{mit der Shrinkage Konstanten } \delta \in [0,1]$$

Formel für das Shrinkage Ziel F:

Die Einträge der Matrix C seien mit c_{ij}, $i, j = 1,..., N$ bezeichnet. Dann gilt für die Einträge

r_{ij} der Korrelationsmatrix R zwischen den Aktien i und j: $\quad r_{ij} = \dfrac{c_{ij}}{\sqrt{c_{ii}c_{jj}}}$

Die durchschnittliche Korrelation ist gegeben durch $\quad \bar{r} = \dfrac{2}{(N-1)N} \sum_{i=1}^{N-1} \sum_{j=i+1}^{N} r_{ij}$

→ Die Matrix F ist dann: $\quad f_{ii} = c_{ii} \qquad f_{ij} = \bar{r}\sqrt{c_{ii}c_{jj}}$

Formel für die Shrinkage Konstante δ :

Da δ zwischen 0 und 1 liegt, gibt es unendlich viele Möglichkeiten δ auszuwählen. Wir wollen das optimale δ^*, das die erwartete Distanz zwischen dem Shrinkage Schätzer und der wahren Kovarianzmatrix minimiert.
Viele in der Literatur vorgeschlagenen Shrinkage Schätzer brechen bei $N \geq T$ ab, da ihre Verlustfunktionen die Inverse der Kovarianzmatrix miteinbeziehen. Wir verwenden nun eine Verlustfunktion, die nicht von der Inversen abhängt: ein quadratisches Maß für die Distanz zwischen der wahren und der geschätzten Kovarianzmatrix basierend auf der Frobenius-Norm.

$$\|Z\|_F^2 = \sum_{i,j=1}^{N} z_{ij}^2 \qquad\qquad mit \qquad Z = [z_{ij}]_{1 \leq i, j \leq n} \in IR^{n \times n}$$

→ quadratische Verlustfunktion L:

$$L(\delta) = \|\delta F + (1 - \delta)C - \Sigma\|_F^2$$

Ziel ist es die Shrinkage Konstante δ zu finden, die den Erwartungswert dieser Verlustfunktion minimiert:

$$R(\delta) = E\left(L(\delta)\right) = E\left(\left\|\delta F + (1-\delta)C - \Sigma\right\|_F^2\right) \;\to\; \min$$

Ledoit und Wolf fanden in **[10]** heraus, dass sich, falls N fix und $T \to \infty$, das optimale δ^* asymptotisch einer Konstante κ (in Abhängigkeit von T) nähert:

$$\delta^* = \frac{\sum_{i,j=1}^{N} Var\,(c_{ij}) - Cov\,(f_{ij},c_{ij})}{\sum_{i,j=1}^{N} Var\,(f_{ij}-c_{ij}) + (\phi_{ij}-\sigma_{ij})^2} \;\to\; \kappa = \frac{\pi-\rho}{\gamma} \qquad \text{mit}$$

$$\pi = \sum_{i=1}^{N}\sum_{j=1}^{N} AsyVar\left[\sqrt{T}\,c_{ij}\right]$$

$$\rho = \sum_{i=1}^{N}\sum_{j=1}^{N} AsyCov\left[\sqrt{T}\,f_{ij},\sqrt{T}\,c_{ij}\right]$$

$$\gamma = \sum_{i=1}^{N}\sum_{j=1}^{N}\left(\phi_{ij}-\sigma_{ij}\right)^2 \quad, \quad \sigma_{ij}, \phi_{ij} \text{ Einträge der „wahren" Kovarianzmatrix } \Sigma \text{ bzw.}$$

$$\text{Korrelationsmatrix } \Phi \text{ mit } \quad \phi_{ii}=\sigma_{ii} \quad , \quad \phi_{ij}=\frac{2}{(N-1)N}\sum_{i=1}^{N-1}\sum_{j=i+1}^{N}\frac{\sigma_{ij}}{\sqrt{\sigma_{ii}\sigma_{jj}}}$$

<u>Fall 1:</u> κ bekannt ➜ $\delta^* = \dfrac{\kappa}{T}$

Dies würde voraussetzen, dass man die „wahren" Kovarianzmatrix Σ und Korrelationsmatrix Φ kennt, was meistens nicht der Fall ist

<u>Fall 2:</u> κ unbekannt
➜ Es muss ein konsistenter Schätzer für κ bzw. für π,ρ,γ gefunden werden.
(Ergebnisse stammen aus **[10]** Ledoit/Wolf)

i) $\qquad \hat{\pi} = \sum_{i=1}^{N}\sum_{j=1}^{N}\hat{\pi}_{ij} \qquad\qquad$ mit $\qquad \hat{\pi}_{ij}=\dfrac{1}{T}\sum_{t=1}^{T}\left((x_{it}-\bar{x}_i)(x_{jt}-\bar{x}_j)-c_{ij}\right)^2$ als natürli-

chen Schätzer für die asymptotische Varianz und den durchschnittlichen Erträgen der Aktie i,

gegeben durch $\bar{x}_i = T^{-1}\sum_{t=1}^{T} x_{it}$

ii)

$$\rho = \sum_{i=1}^{N}\sum_{j=1}^{N} AsyCov\left[\sqrt{T}\,f_{ij},\sqrt{T}\,c_{ij}\right]$$

$$= \sum_{i=1}^{N} AsyVar\left[\sqrt{T}\,c_{ii}\right] + \sum_{i=1}^{N}\sum_{j=1,j\neq i}^{N} AsyCov\left[\sqrt{T}\,f_{ij},\sqrt{T}\,c_{ij}\right]$$

$$= \sum_{i=1}^{N} AsyVar\left[\sqrt{T}\,c_{ii}\right] + \sum_{i=1}^{N}\sum_{j=1,j\neq i}^{N} AsyCov\left[\sqrt{T}\,\bar{r}\sqrt{c_{ii}c_{jj}},\sqrt{T}\,c_{ij}\right]$$

Diagonale: Der natürliche Schätzer für die asymptotische Varianz ist aus i) schon bekannt,

d.h. $AsyVar\left[\sqrt{T}c_{ii}\right]=\pi_{ii}\;\;\;\Rightarrow\;\overset{i)}{\pi}_{ii}=\frac{1}{T}\sum_{t=1}^{T}\left((x_{it}-\overline{x}_{i})^{2}-c_{ii}\right)^{2}$

Nebendiagonale: $AsyCov\left[\sqrt{T}\,\overline{r}\sqrt{c_{ii}c_{jj}}\,,\sqrt{T}\,c_{ij}\right]$

$$=\frac{\overline{r}}{2}\left(AsyCov\left[\sqrt{T}\sqrt{c_{ii}c_{jj}}\,,\sqrt{T}c_{ij}\right]+AsyCov\left[\sqrt{T}\sqrt{c_{ii}c_{jj}}\,,\sqrt{T}c_{ij}\right]\right)$$

$$=\frac{\overline{r}}{2}\left(\sqrt{\frac{c_{jj}}{c_{ii}}}\underbrace{AsyCov\left[\sqrt{T}c_{ii},\sqrt{T}c_{ij}\right]}_{\vartheta_{ii,ij}}+\sqrt{\frac{c_{ii}}{c_{jj}}}\underbrace{AsyCov\left[\sqrt{T}c_{jj},\sqrt{T}c_{ij}\right]}_{\vartheta_{jj,ij}}\right)$$

Als natürlicher Schätzer für die asymptotische Kovarianz gilt:

$$\hat{\vartheta}_{ii,ij}=\frac{1}{T}\sum_{t=1}^{T}\left((x_{it}-\overline{x}_{i})^{2}-c_{ii}\right)\left((x_{it}-\overline{x}_{i})(x_{jt}-\overline{x}_{j})-c_{ij}\right)$$

$$\hat{\vartheta}_{jj,ij}=\frac{1}{T}\sum_{t=1}^{T}\left((x_{jt}-\overline{x}_{j})^{2}-c_{jj}\right)\left((x_{it}-\overline{x}_{i})(x_{jt}-\overline{x}_{j})-c_{ij}\right)$$

Fügt man alles zusammen, dann erhält man

$$\hat{\rho}=\sum_{i=1}^{N}\hat{\pi}_{ii}+\sum_{i=1}^{N}\sum_{j=1,\,j\neq i}^{N}\frac{\overline{r}}{2}\left(\sqrt{\frac{c_{jj}}{c_{ii}}}\hat{\vartheta}_{ii,ij}+\sqrt{\frac{c_{ii}}{c_{jj}}}\hat{\vartheta}_{jj,ij}\right)$$

iii) $\hat{\gamma}=\sum_{i=1}^{N}\sum_{j=1}^{N}(f_{ij}-c_{ij})^{2}$, da f_{ij} und c_{ij} konsistente Schätzer für ϕ_{ij} und σ_{ij} sind.

Nun erhält man einen konsistenten Schätzer für κ , nämlich $\hat{\kappa}=\dfrac{\hat{\pi}-\hat{\rho}}{\hat{\gamma}}$

Als optimale Shrinkage Konstante wird von Ledoit/Wolf folgendes δ^{*} vorgeschlagen:

$$\delta^{*}=\max\left\{0,\min\left\{\frac{\hat{\kappa}}{T},1\right\}\right\}$$

Grund dafür ist, dass bei endlichen Datenreihen $\dfrac{\hat{\kappa}}{T}<0$ oder $\dfrac{\hat{\kappa}}{T}>1$ gelten kann und somit bei 0 oder 1 abgebrochen werden soll, damit $\delta\in[0,1]$ noch gilt.

Somit gibt es nun einen Shrinkage Schätzer: $\hat{\Sigma}_{Shrink}=\delta^{*}F+(1-\delta^{*})C$

Ein Vorteil von $\hat{\Sigma}_{Shrink}$ ist, dass diese immer positiv definit ist (Konvexkombination eines positiv definiten Schätzer (F) und einer semi-definiten Matrix (C)).

15

2.2 Beispiel

Sei N=5, T=2588 (Daten stammen aus Excel-Sheet)

Man erhält C und R aus dem Datensatz und kann nach o.g. Formel das Shrinkage Ziel F berechnen

$$C = \begin{pmatrix} 0{,}0027 & -0{,}0003 & -0{,}0003 & -0{,}0006 & -0{,}0002 \\ -0{,}0003 & 0{,}0287 & 0{,}0122 & 0{,}0081 & 0{,}0132 \\ -0{,}0003 & 0{,}0122 & 0{,}0223 & 0{,}0131 & 0{,}0116 \\ -0{,}0006 & 0{,}0081 & 0{,}0131 & 0{,}0530 & 0{,}0130 \\ -0{,}0002 & 0{,}0132 & 0{,}0116 & 0{,}0130 & 0{,}0277 \end{pmatrix}$$

$$R = \begin{pmatrix} 1 & -0{,}0323 & -0{,}0383 & -0{,}0479 & -0{,}0282 \\ -0{,}0323 & 1 & 0{,}4810 & 0{,}2075 & 0{,}4687 \\ -0{,}0383 & 0{,}4810 & 1 & 0{,}3810 & 0{,}4673 \\ -0{,}0479 & 0{,}2075 & 0{,}3810 & 1 & 0{,}3391 \\ -0{,}0282 & 0{,}4687 & 0{,}4673 & 0{,}3391 & 1 \end{pmatrix} , \quad \bar{r} = \frac{1}{10} \sum_{i=1}^{4} \sum_{j=i+1}^{5} r_{ij} = 0{,}2198$$

$$\rightarrow F = \begin{pmatrix} 0{,}0027 & 0{,}0019 & 0{,}0017 & 0{,}0026 & 0{,}0019 \\ 0{,}0019 & 0{,}0287 & 0{,}0056 & 0{,}0086 & 0{,}0062 \\ 0{,}0017 & 0{,}0056 & 0{,}0223 & 0{,}0076 & 0{,}0055 \\ 0{,}0026 & 0{,}0086 & 0{,}0076 & 0{,}0530 & 0{,}0084 \\ 0{,}0019 & 0{,}0062 & 0{,}0055 & 0{,}0084 & 0{,}0277 \end{pmatrix}$$

Anschließend berechnet man einen konsistenten Schätzer für κ, um das optimale δ^* zu erhalten

$$\hat{\pi} = \sum_{i=1}^{5} \sum_{j=1}^{5} \left[\frac{1}{2589} \sum_{t=1}^{2589} \left((x_{it} - \bar{x}_i)(x_{jt} - \bar{x}_j) - c_{ij} \right)^2 \right] = 0{,}0066$$

$$\hat{\rho} = \sum_{i=1}^{5} \hat{\pi}_{ii} + \sum_{i=1}^{5} \sum_{j=1, j \neq i}^{5} \frac{\bar{r}}{2} \left(\sqrt{\frac{c_{jj}}{c_{ii}}} \hat{\vartheta}_{ii,ij} + \sqrt{\frac{c_{ii}}{c_{jj}}} \hat{\vartheta}_{jj,ij} \right) = 0{,}0068$$

$$\hat{\gamma} = \sum_{i=1}^{5} \sum_{j=1}^{5} (f_{ij} - c_{ij})^2 = 0{,}0004$$

$$\rightarrow \hat{\kappa} = \frac{\hat{\pi} - \hat{\rho}}{\hat{\gamma}} = -0{,}5$$

$$\rightarrow \delta^* = \max \left\{ 0, \min \left\{ \frac{\hat{\kappa}}{T}, 1 \right\} \right\} = \max \{ 0, -0{,}0002 \} = 0 \text{, d.h. } \hat{\Sigma}_{Shrink} = \delta^* F + (1 - \delta^*) C = C$$

was auch zu erwarten war, denn N<<T

2.3 Schätzung von α (Alpha-Regel)

Das Handeln eines aktiven Portfoliomanagers, welcher eine Benchmarkrendite übertreffen will, wird durch seine Prognosen bestimmt. Hier einige Definitionen, die für das fundamentale Gesetz des aktiven Managements gebraucht werden:

Information Ratio (IR):   misst die Fähigkeit eines aktiven Portfoliomanagers Mehrwert zu schaffen

Information Coefficient (IC): beschreibt Zusammenhang zwischen „ex ante" Renditeprognose und „ex post" Renditerealisation (Prognosegüte)

k: Anzahl unabhängiger Prognosen (Produkt aus Anzahl der Anlageklassen und der Prognosefrequenz innerhalb einer bestimmten Periode)

Das fundamentale Gesetz des aktiven Managements (Grinold/Kahn) besagt, dass die Informationskennzahl (IR) approximativ gleich dem Produkt aus dem Informationskoeffizienten (IC) und der Anzahl der Prognosen ist:

$$IR \approx IC \cdot \sqrt{k}$$

Die Alpha-Regel wird nun anhand des linearen Regressionsansatzes für den Spezialfall mit einer Anlage und einer Rohprognose raw_i einer Aktie i dargestellt. Rohprognosen können in unterschiedlichen Darstellungen vorliegen, beispielsweise als Summe einer überschüssigen Rendite e während der Periode t und einem zusätzlichen Fehler u

$$raw_{it} = e_{it} + u_{it}$$

oder aber auch als rein subjektive Einschätzungen (vgl. Beispiel 2.4), die dann einer Verfeinerung durch die Alpha-Regel bedürfen.

Man betrachte folgendes Regressionsmodell: $\theta_{t+1} = c_0 + c_1 \cdot raw_t + \varepsilon_{t+1}$

Dabei wird die überschüssige Rendite θ_{t+1} einer Anlage auf die um eine Periode verzögerte Rohprognose raw_t regressiert. Die zeitliche Verzögerung ist einfach zu erklären: Das der Prognose in einem vorgelagerten Schritt zugrunde liegende Signal muss zum Zeitpunkt t beobachtbar sein, um in eine Prognose für die zum Zeitpunkt t+1 (also zeitverzögert) zu realisierende Rendite einfließen zu können. Die Schätzer für die Koeffizienten aus der linearen Regression sind wie folgt gegeben:

$$\hat{c}_1 = \frac{IC \cdot \sigma_\theta}{\sigma_{raw}}$$

$$\hat{c}_0 = \mu_\theta - \hat{c}_1 \cdot \mu_{raw}$$

wobei σ_θ die Standardabweichung der Überschussrendite, σ_{raw} die Standardabweichung der Rohprognose, und μ_θ und μ_{raw} die unbedingten Erwartungswerte sind.

$$\rightarrow \quad \theta_{t+1} = \mu_\theta + \frac{raw_t - \mu_{raw}}{\sigma_{raw}} \cdot IC \cdot \sigma_\theta + \varepsilon_{t+1}$$

Gemäß den Annahmen der linearen Regression gilt $E(\varepsilon_{t+1}) = 0$. Außerdem gilt $\mu_\theta = 0$. Damit gilt für die erwartete überschüssige Rendite

$$E(\theta_{t+1} \mid raw_t) = \frac{raw_t - \mu_{raw}}{\sigma_{raw}} \cdot IC \cdot \sigma_\theta$$

Schließlich definiert man $\dfrac{raw_t - \mu_{raw}}{\sigma_{raw}}$ als Score (mit Mittelwert Null und Standardabweichung Eins) und erhält die von Grinold und Kahn propagierte Alpha-Regel

$$\hat{\alpha}_{it} = score_{it} \cdot IC \cdot \sigma_\theta$$

2.4 Beispiel

Ein Manager tätigt Investitionen in Aktien- und Bondsmärkte von fünf Ländern. Den einzelnen Anlagekategorien sind in Spalte II von Tabelle 2 die Rohprognosen der Analysten zugeordnet.
(„2" stark übergewichten, „1" übergewichten, „0" neutral, „-1" untergewichten, „-2" stark untergewichten)
Man berechnet zuerst nach o.g. Formel die Score-Werte aus und erhält zusammen mit den gegebenen Werten für IC und σ die erwartete überschüssige Rendite $\hat{\alpha}$

Bsp.: $score_{AktienEUR} = \dfrac{raw_t - \mu_{raw}}{\sigma_{raw}} = \dfrac{2-(-0,30)}{1,16} = 1,98$

$\hat{\alpha}_{Aktien\,EUR} = score_{Aktien\,EUR} \cdot IC \cdot \sigma = 1,98 \cdot 0,07 \cdot 10,76 = 1,49$

Anlageklasse	Prognose	Score	IC	σ	$\hat{\alpha}$
Aktien Euroland	2	1,98	0,07	10,76	1,49
Bonds Euroland	0	0,25	0,07	2,84	0,05
Aktien Japan	0	0,25	0,02	19,07	0,10
Bonds Japan	-1	-0,60	0,02	7,96	-0,10
Aktien Schweiz	-1	-0,60	0,05	10,65	-0,32
Bonds Schweiz	1	1,12	0,05	4,79	0,27
Aktien UK	-1	-0,60	0,05	8,15	-0,25
Bonds UK	-1	-0,60	0,05	6,91	-0,21
Aktien USA	0	0,25	0,05	7,56	0,10
Bonds USA	-2	-1,46	0,05	5,00	-0,37
Erwartungswert	**-0,30**	**0**			
Standardabweichung	**1,16**	**1**			

Tabelle 2: Beispiel für Anwendung der Alpha-Regel (von Kleeberg und Schlenger (2002),[5])

Anmerkung: Um sich einen IC von 0,07 besser vorstellen zu können, hier eine Formel für die Prognosegüte:

$$IC = 2 \cdot \left(\dfrac{N_r}{N}\right) - 1$$

mit N als Gesamtzahl der Prognosen und N_r als Gesamtzahl der „richtig" getippten Prognosen. Daraus folgt, dass man, für einen IC von 0,07 und N=100, N_r=54 richtige Prognosen in der Vergangenheit abgegeben haben muss.

3. Empirische Korrelationsmatrizen

Korrelationsmatrizen finden im Risikomanagement große Anwendungen, da die Wahrscheinlichkeiten auf große Verluste von den Korrelationen abhängen. Markowitz Theorie beschäftigt sich sehr stark mit der Risikominimierung.

Betrachte man nun die Aufgabe, die nach einem Portfolio mit minimalem Risiko sucht, wobei anstatt der Kovarianz- die normierte Korrelationsmatrix $R_{ij} = \dfrac{\sigma_{ij}}{\sigma_i \sigma_j}$ verwendet wird.

$$(P) \qquad \begin{aligned} \frac{1}{2} x^T R x &\to \min \\ \mu^T x &= \bar{\mu} \end{aligned}$$

Mit Hilfe der Lagrangefunktion und des Kuhn-Tucker-Ansatzes ist $\tilde{x}$ optimal für (P):

$$L(x,\lambda) = \frac{1}{2} x^T R x - \lambda(\bar{\mu} - \mu^T x)$$

$$\frac{\partial L(x,\lambda)}{\partial x} = 0 \quad \Leftrightarrow \quad \tilde{x} = \lambda R^{-1} \mu$$

Man erkennt nun, dass wegen der Inversen der Korrelationsmatrix das Gewicht des Portfolios mit minimalem Risiko vom kleinsten Eigenwert abhängt.

Bei der empirischen Bestimmung der Korrelationsmatrix R werden die N(N-1)/2 Einträge der Matrix mit Hilfe von diskreten Zeitreihen der relativen Preisänderungen $\delta p_i(t) = \log \dfrac{S(t)}{S(t-1)}$

der N Assets über die Dauer T bestimmt. (mit konstanter Volatilität $\sigma^2 = T^{-1} \sum_{t=1}^{T} \delta p_i(t)^2 = 1$)

$$R_{ij} = \frac{1}{T} \sum_{t=1}^{T} \delta p_i(t) \delta p_j(t) \qquad \text{oder} \qquad R = \frac{1}{T} M M^T, \text{ M NxT-Matrix}$$

Falls T im Vergleich zu N nicht groß ist, erwartet man, dass die Korrelationsmatrix gestört und weitestgehend zufällig ist. Bevor man diese empirischen Matrizen zu Optimierungszwecken verwendet, sollte man überprüfen, wie viele nützliche Informationen enthalten sind. Dazu vergleicht man die empirische Korrelationsmatrix R mit der Null-Hypothese „Die Koeffizienten $\delta p_i(t)$ sind unabhängige, identisch verteilte Zufallsvariablen".

Damit sind die Koeffizienten der Korrelationsmatrix, die Summen aus Produkten von unabhängigen, identisch verteilten Zufallsvariablen, unabhängige Gaußverteilte Zufallsvariablen, d.h. es herrschen rein zufällige Preisschwankungen.

In diesem Zusammenhang soll nun die Eigenwertdichte $\rho_R(\lambda)$ aus der Zufallsmatrixtheorie untersucht werden ([8],[14]):

$$\rho_R(\lambda) = \frac{Q}{2\pi\sigma^2} \frac{\sqrt{(\lambda_{max} - \lambda)(\lambda - \lambda_{min})}}{\lambda} \qquad \text{für } N \to \infty, T \to \infty \text{ und } Q = \frac{T}{N} \geq 1$$

$$\text{mit} \qquad \lambda_{min}^{max} = \sigma^2(1 + 1/Q \pm 2\sqrt{1/Q}) \qquad \lambda \in [\lambda_{min}, \lambda_{max}] \quad (3)$$

Da die Volatilität σ^2 auf eins normiert wurde, geht nur noch der Parameter Q in die Formel ein. Die Eigenwertdichte ist auf das Intervall $[\lambda_{min}, \lambda_{max}]$ beschränkt, fällt i.a. zu den Rändern auf Null ab und besitzt nahe der unteren Intervallgrenze ein scharfes Maximum. Der Spezialfall Q=1 soll hier nicht betrachtet werden.
Nun werden empirische Daten mit der Nullhypothese verglichen, d.h. man überprüft mit Gleichung (3), ob die Annahme von zufälligen Korrelationsmatrizen stimmt. Dazu werden die Daten vom S&P 500 im Zeitraum 1991-1996 (T=1309) verwendet. Die Eigenwertdichte wird aus N=406 Assets und dem resultierenden Q=3,22 ermittelt (vgl. Abbildung 6).

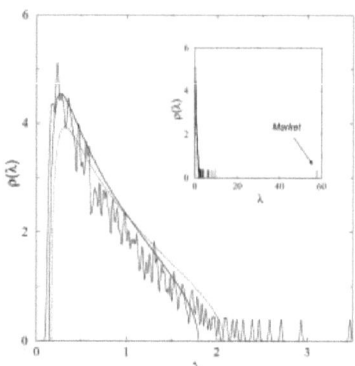

Abbildung 6: Empirische Eigenwertdichte vom S&P500

Man erkennt, dass der größte Eigenwert $\lambda_1 \approx 60$ (siehe kleines Bild) ca.25-mal größer ist als das aus Gleichung (3) stammende $\lambda_{max} \approx 2,4$. Damit scheint die Nullhypothese mit den empirischen Daten zunächst inkonsistent zu sein, da λ_1 außerhalb des Intervalls von (3) liegt. Da der zum größten Eigenwert zugehörige Eigenvektor ungefähr gleichgroße Einträge für jede Aktie besitzt, also das gesamte Angebot enthält, wird dieser als „Markt" bezeichnet.
Man nimmt nun an, dass das orthogonale Komplement des Marktes zufällig verteilt ist. Sei $\tilde{R}$ die Korrelationsmatrix im Eigensystem. Dann gilt wegen der Normierung für die Spur:

$$N = spur\ (R) = spur\ (\tilde{R}) = \sum \lambda$$

Für die Korrelationsmatrix des orthogonalen Komplements $\hat{R}$ gilt dann

$$spur\ (\hat{R}) = N - \lambda_{max} \Rightarrow \sigma^2 = \langle \hat{R} \rangle = 1 - \lambda_{max}\ /\ N$$

Die gepunktete Linie in Abbildung 6 zeigt die Eigenwertdichte für $\sigma^2 = 0,85$. Da es dort immer noch größere Eigenwerte gibt, behandelt man σ^2 solange als einstellbaren Parameter bis die größten Eigenwerte eine Mindest-Einfluss-Schranke unterschreiten. Im obigen Fall wurde bei $\sigma^2 = 0,74$ (durchgezogene Linie in Abbildung 6) abgebrochen. Dadurch liegen 94% der Eigenwerte im (durch Gleichung (3)) vorausgesagten Intervall und bilden den zufälligen Anteil, wohingegen der Rest, der 26% der Volatilität ausmacht, die wichtigen Informationen enthält.
Erstaunlich, da am Anfang dieses Kapitels gezeigt wurde, dass die kleinsten Eigenwerte der Korrelationsmatrix den größten Anteil zur Lösung für das Portfolio mit minimalem Risiko beitragen. Demnach würden die optimalen Gewichte (Markowitz) zufällig sein, im Widerspruch zur hohen Akzeptanz seiner Theorie.

4. Risikoeinschätzung

Die Ergebnisse bzw. Erkenntnisse aus Kapitel 3 haben die Glaubwürdigkeit von Risikomanagement-Tools in Frage gestellt, da man den Nutzen von Kovarianz- und Korrelationsmatrizen nicht mehr sehen konnte. Dies scheint jedoch widersprüchlich, da Kovarianzmatrizen eine wichtige Rolle in der klassischen Portfoliooptimierung spielen.
Die folgenden simulationsbasierten Ansätze von Pafka/Kondor [4] zeigen, dass der häufige Gebrauch von Markowitz optimaler Portfoliotheorie durchaus berechtigt ist.
Man betrachte folgendes Optimierungsproblem mit Kovarianzmatrix C und Rendite μ :

$$\frac{1}{2}x^T Cx \to \min$$

$$\mu^T x = \overline{\mu}$$

$$1^T x = 1$$

Dann sind die Gewichte des optimalen Portfolios gegeben durch $\quad x_i^* = \dfrac{\sum\limits_{j=1}^{n}\sigma_{ij}^{-1}}{\sum\limits_{j,k=1}^{n}\sigma_{jk}^{-1}}$

Beweis:
Die Kovarianzmatrix C sei positiv definit.
Weiter seien $\mu \neq 1$, $a := 1^T C^{-1}\mu$, $b := \mu^T C^{-1}\mu$, $c := 1^T C^{-1}1$, $d := bc - a^2$
Nach Satz 2.3a) aus der Vorlesung gilt:

$$x_{opt} = \frac{1}{d}\left((c\overline{\mu}-a)C^{-1}\mu + (b-a\overline{\mu})C^{-1}1\right) \quad \text{und} \quad \sigma^2(\overline{\mu}) = x_{opt}^T Cx_{opt} = \frac{c\overline{\mu}^2 - 2a\overline{\mu}+b}{d}$$

Parabelgleichung für σ^2 : $\sigma^2(\overline{\mu}) = \dfrac{c}{d}\left(\overline{\mu}-\dfrac{a}{c}\right)^2 + \dfrac{1}{c}$ mit Scheitelpunkt $\left(\overline{\mu},\sigma^2\right) = \left(\dfrac{a}{c},\dfrac{1}{c}\right)$

Daraus folgt mit dem Global Minimum Variance Portfolio im Scheitelpunkt:

$$x_{opt} = \frac{1}{d}\left(b - \frac{a^2}{c}\right)C^{-1}1 = \frac{1}{c}C^{-1}1 = \frac{C^{-1}1}{1^T C^{-1}1} \quad ?$$

Für die Simulation startet man mit einer gegebenen rauschfreien Kovarianzmatrix $\sigma_{ij}^{(0)}$ und

generiert verrauschte Kovarianzmatrizen $\sigma_{ij}^{(1)}$ mit $\sigma_{ij}^{(1)} = \dfrac{1}{T}\sum\limits_{t=1}^{T} y_{it}y_{jt}$, wobei

$y_{it} = \sum\limits_{j=1}^{n}L_{ij}u_{jt}$, $u_{jt} \sim iid\ N(0,1)$, L_{ij} Cholesky − Zerlegung $(LL^T = \sigma^{(0)})$ sind.

Für die Simulationen benutzt man zwei einfache Formen für $\sigma_{ij}^{(0)}$. Im ersten Modell wird die

Einheitsmatrix I für $\sigma_{ij}^{(0)}$ verwendet und im zweiten, um der Realität etwas näher zu kommen, wird eine Matrix mit einem Eigenwert gewählt, der 25mal größer ist als der Rest (Modell II entspricht dem empirischen Ansatz aus Kapitel 3 ganz gut).
Um den Effekt des Rauschens zu erkennen, berechnet man folgende Größen, wobei q_0 dem „wahren", q_1 dem „vorausgesagten" und q_2 dem „realisierten" Risiko entsprechen:

$$q_0 = \frac{\sqrt{\sum_{i,j=1}^{n} x_i^{(1)*} \sigma_{ij}^{(0)} x_j^{(1)*}}}{\sqrt{\sum_{i,j=1}^{n} x_i^{(0)*} \sigma_{ij}^{(0)} x_j^{(0)*}}}, \quad q_1 = \frac{\sqrt{\sum_{i,j=1}^{n} x_i^{(1)*} \sigma_{ij}^{(2)} x_j^{(1)*}}}{\sqrt{\sum_{i,j=1}^{n} x_i^{(0)*} \sigma_{ij}^{(0)} x_j^{(0)*}}}, \quad q_2 = \frac{\sqrt{\sum_{i,j=1}^{n} x_i^{(1)*} \sigma_{ij}^{(1)} x_j^{(1)*}}}{\sqrt{\sum_{i,j=1}^{n} x_i^{(0)*} \sigma_{ij}^{(0)} x_j^{(0)*}}}$$

Den Ergebnissen in Tabelle 3 wurden noch empirische Werte aus dem Excel-Sheet hinzugefügt, wobei für $\sigma_{ij}^{(0)}$ der gesamte Datensatz, für $\sigma_{ij}^{(1)}$ die erste Hälfte und für $\sigma_{ij}^{(2)}$ die zweite Hälfte des Datensatzes verwendet wurden.

Mod	N	T	r=N/T	q_0	q_1	q_2	q_2/q_0	q_2/q_1
1	100	600	0,17	1,09	0,92	1,09	1	1,19
1	500	3000	0,17	1,09	0,91	1,10	1	1,20
1	500	1500	0,33	1,22	0,81	1,22	1	1,49
1	500	750	0,67	1,73	0,57	1,74	1	3,00
2	500	3000	0,17	1,09	0,91	1,10	1	1,20
2	500	750	0,67	1,72	0,58	1,72	1	2,97
Emp	5	2588	0,0019	1,02	0,98	1,06	1,04	1,08
Emp	3	2000	0,0015	1,04	1,00	1,06	1,02	1,06

Tabelle 3: Risiko für verschiedene Werte von N und T

Folgende Erkenntnisse konnten aus der Tabelle gezogen werden:
- q_0 ist stets größer als Eins, was auch zu erwarten war, da das optimale Portfolio mit verrauschter Kovarianzmatrix weniger effizient ist als das ohne Rauschen.
- q_2 liegt nahe bei q_0, so dass das realisierte Risiko ein guter Ersatz für das wahre Risiko ist, falls $\sigma_{ij}^{(0)}$ nicht bekannt ist.
- q_1 ist immer kleiner als q_0 bzw. q_2, womit eine Risikounterschätzung stattfindet, das von großer Bedeutung für das Risikomanagement ist.
- Der Effekt des Rauschens hängt von r=N/T ab.

Der scheinbare Widerspruch in Kapitel 3 hat somit keine großen Auswirkungen, weshalb Markowitz Theorie weiterhin praktiziert wird.
Wie bereits erwähnt, hängt der Effekt des Rauschens vom Verhältnis N zu T ab, d.h. je kleiner r=N/T ist, desto kleiner ist der Effekt. Nach Papp/Nowak [4] kann mit Hilfe der Eigenwertdichte $\rho(\lambda)$ mit $\rho(\lambda) = \frac{1}{2\pi r} \frac{\sqrt{(\lambda_{max} - \lambda)(\lambda - \lambda_{min})}}{\lambda}$, $\lambda_{min}^{max} = \sigma^2 (1 \pm \sqrt{r})$

q_0 geschrieben werden als $q_0 = \frac{\sqrt{\int \rho(\lambda)/\lambda^2 d\lambda}}{\int \rho(\lambda)/\lambda\, d\lambda}$. Damit gilt $q_0 = 1/\sqrt{1-r}$ und $q_1 = \sqrt{1-r}$, die den Ergebnissen in Tabelle 3 sehr gut entsprechen.
Somit kann mit Hilfe der Taylorformel eine untere Schranke für Riskoschätzfehler gefunden werden:

$$q_0 = 1/\sqrt{1-r} \approx T_4(r) = 1 + \frac{r}{2} + \frac{3r^2}{8} + \frac{5r^3}{16} \quad \text{an } r_0 = 0$$

$$\rightarrow \qquad \varepsilon > \frac{r}{2} = \frac{N}{2T}$$

Für ein vorgegebenes ε existiert eine obere Schranke für die Portfoliogröße:

$$N < 2T\varepsilon$$

22

C Schluss

Zum Schluss lässt sich nur sagen, dass all diese Schätzverfahren einen großen Beitrag zum Fortschritt der heutigen Investmenttheorie geleistet haben. Jedoch darf nicht vergessen werden, dass diese, wie das Wort schon sagt, nur Schätzer sind, die auf Vergangenheitsdaten basieren und annehmen, dass sich „die Geschichte wiederholt".

> Das Geheimnis des erfolgreichen Börsengeschäftes liegt darin,
> zu erkennen, was der Durchschnittsbürger glaubt,
> dass der Durchschnittsbürger tut.
> **John Maynard Keynes**

D Anhang

[1] **äquivariant:** lineare Transformation, Bsp.: *skalenäquivariant* Daten werden mit einer Konstanten a multipliziert, so nimmt der Schätzer auch den a-fachen Wert an

[2] **Breakdown point:** Gibt diejenige Grenze an, bis zu welcher der Anteil von Ausreißern in einer Stichprobe ansteigen darf, ohne dass sich dadurch der Schätzwert unbeschränkt verändern kann

[3] **Bias:** Sei $T : IR^n \rightarrow IR^m$ eine Schätzfunktion. Dann heißt $E[T(X_1, X_2, ..., X_n)] - \theta$ Bias des Schätzers T

[4] **aktiv:** Es wird keine Buy & Hold Strategie gefahren, sondern aktiv gehandelt, um beispielsweise ein Benchmark zu schlagen

E Literaturverzeichnis

Primärliteratur

[1] *„Scalable Robust Covariance and Correlation Estimates for Data Mining"*,
F Alqallaf, K Konis, R Martin, R Zamar (2002)
http://portal.acm.org/citation.cfm?id=775050&dl=ACM&coll=GUIDE

[2] *„Honey, I shrunk the Sample Covariance Matrix"* , O Ledoit, M Wolf (2003)
http://www.econ.upf.edu/docs/papers/downloads/691.pdf

[3] *„Noise Dressing of Financial Correlation Matrices"* , L Laloux, P Cizeau, JP Bouchaud,
M Potters (1998)
http://www.science-finance.fr/papers/PRL01467.pdf

[4] *„Noisy Covariance Matrices and Portfolio Optimization II"*, S Pafka, I Kondor (2002)
http://www.colbud.hu/pdf/Kondor/noisy2.pdf

Sekundärliteratur

[6] Prof. Dr. W Drobetz, VL Asset Management, *„Rahmenwerk des aktiven Asset Management"* (2003)

[7] C Druska, *„Robuste statistische Verfahren für das Data Mining"* (2004)

[8] A Edelman, SIAM J. Matrix Anal. Appl. 9,543 (1988)

[9] A Handl, *„Schätzen und Testen"* (2000)

[10] O Ledoit, M Wolf , *"Improved estimation of the covariance matrix of stock returns with an application to portfolio selection",* Journal of Empirical Finance,10(5):603-621 (2003)

[11] I Neumann, *„Ein Vergleich robuster Verfahren zur Parameterschätzung"* (2003)

[12] S Pafka, I Kondor, *„Estimated Correlation Matrices and Portfolio Optimization"* (2003)

[13] H Schultze, *„Korrelationen in Finanzmärkten"* (2000)

[14] A.M. Sengupta, P.P. Mitra, *„Wishart Matrices in the presence of multivariate correlations"*, e-print cond-mat/9709283

[15] Dr. phil. R Zwisler, *"Color Science"* , http://farbe.com/farben13.htm